AI時代を生き抜く **3**

プログラミング的思考が身につくシリーズ

デジタルリテラシーのきほん

土屋誠司 著

はじめに

　この本では、私たちの生活になくてはならないものになったインターネットや SNS などのデジタル技術について、そのもの自体の使い方や取り扱い方ではなく、それらの「本質」をみなさんに知ってもらおうと思っています。

　インターネットや SNS と聞くと、私のようなおじさんやおばさんよりも、みなさんのような若い人の方がうまく使えるような印象があるかもしれません。確かに、技術そのものの使い方に関してはその通りでしょう。しかし、その技術の根底にあるメリットやデメリットをしっかりと理解し、適切に取り扱うことができるかどうかはまた別の話になると思います。

　デジタル技術を扱うということは、実は、無機質なコンピュータを扱うということだけではなく、その先にあるもの——その技術を使ってコミュニケーションをとる人間のこと——をしっかりと想像し、理解し、取り扱う必要が出てきます。

　取り扱い方を間違ってしまうと、大変なことになります。しかし、ただ怖がっているだけではダメです。まず、デジタル技術の本質をしっかりと捉え、その危険性を理解した上で、便利に、有効に、安全に利用できる人になることを目指しましょう。

contents
もくじ

デジタルリテラシーってなに？

　みなさんは『デジタルリテラシー』という言葉をどこかで聞いたことがあるでしょうか？　最近では「情報リテラシー」や「メディアリテラシー」、「IT（Information Technology：情報技術）リテラシー」「コンピュータリテラシー」など、さまざまな「〇〇リテラシー」が登場しています。

　ここで気になるのは、「そもそも『リテラシー』とは何のことなのか？」ということでしょう。もともとの『リテラシー』という言葉の意味は「読み書きできる能力」のことです。話をしたり聞いたりする能力は、言葉を使ってコミュニケーションをする人間が、必ず身につけておかなければいけない、生きていくために必要な能力と言えます。そのため、産まれてきてから日々生きていく中で、自然に身についていきます。

　でも、読んだり書いたりする能力は、話したり聞いたりする能力に比べると、自然に覚えていくことは難しいでしょう。意識してがんばって勉強しないと身にはつきません。ただ、便利に、快適に生きていくためには、「聞く」「しゃべる」だけではなく、「読む」「書く」能力はあった方がよいはずです。つまり、豊かに人生を生きていく上で必要不可欠な能力、それが「リテラシー」なのです。

　生きていく上で必要不可欠な能力として、江戸時代では寺子屋と呼ばれる

学校のようなところで「読み」「書き」「そろばん」を勉強していました。この考え方は、現代の学校教育にまで脈々とつながっています。近年では、「そろばん」をより進化した「コンピュータ（プログラミング）」に置き換えて学習するようになりました。つまり、コンピュータのことや、それを動かすために必要なプログラミングのことは、今後、みんなが知っていないといけない世の中になったということです。

　では、最初に挙げた、最近よく聞く「デジタルリテラシー」とはどういう意味でしょうか？　これは、詳しく言うと「デジタル技術に関する物事や知識、情報を正しく理解し、自分の言葉で説明したり、判断したり、応用して活用したりできる能力」のことを指しています。

　デジタル技術について、その技術の根底にあるよい点（メリット）や悪い点（デメリット）をしっかりと理解し、適切に取り扱うことができる能力は、これからの社会を生きていく上では、なくてはならない能力になると言われています。

　みなさんが生まれたときには、すでにパソコンやスマートフォン、インター

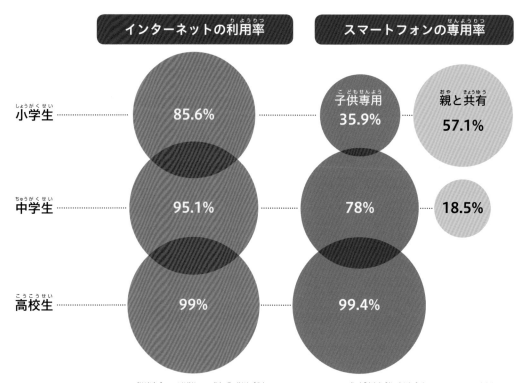

内閣府「平成30年度 青少年のインターネット利用環境実態調査」をもとに作成

ネットが身の回りにあったと思います。お父さんやお母さんが使っていたり、学校で見かけることもあったでしょう。かつては、そうしたデジタル機器に小さいころから囲まれて育った人たちを『デジタルネイティブ』と呼んだりしましたが、今ではもう当たり前になり、わざわざそう呼ぶことも少なくなってきました。みなさんの中にはYouTubeやTwitterを知っていたり、「いつも使っている！」という人もいるかもしれません。

そうしたデジタル技術を扱うということは、単にその道具やサービスの使い方を知っていて使えるというだけでは不十分です。その先にあるもの、つまり、その技術を使ってコミュニケーションをとる相手のことをしっかりと考えたり、想像できたりするようにならなければなりません。そうしないと、相手を傷つけたり、ときには自分が傷ついたり、最悪の場合は、自分が犯罪者になってしまう危険性もあります。こう聞くと、「デジタル技術なんて使わない方がいいんじゃないの？」「その方が安全では？」と思ってしまうか

デジタルリテラシーってなに？

もしれません。しかし、今では当たり前のものになっているこうしたデジタル技術から、ずっと逃げ続けることは難しいでしょう。大切なのはただ怖がるのではなく、しっかりと危険性を理解した上で、便利に、有効に、安全に利用できるようになることです。

　この本では、デジタル技術にひそんでいるさまざまな危険や注意すべきポイントを取り上げました。『デジタルリテラシー』を身につけるにはまず「知る」ことが大事です。さあ、今から始めましょう！

◀自分が面白いと思うことや人の役に立つことを動画に撮ってネットで配信することはめずらしいことではなくなった。それを仕事にしている人を YouTuber と呼び、テレビタレントのような有名人も多い

（写真：mon printemps/ アフロ）

探究学習

調べて、考えて、まとめてみよう！

◆ 身の回りにどういうデジタル技術やサービスがあるのか、それがいつごろできたのかも調べて、まとめてみよう。

◆ そうしたものを使うときに、自分が知っている「ルール」や「気をつけている点」を挙げてみよう。

世の中を変えた
インターネット

　さて、今ではなくてはならないものとなったインターネットは、なぜ普及したのでしょうか？　いろいろなことが関係していますが、大きく3つの視点から読み解いてみたいと思います。

　1つめは「時間の節約」です。時間はみんなに平等に、1日に24時間、1年に365日与えられています。その時間の中で、各々が思い通りに生きています。しかし、やりたいことはたくさんあるのに時間がないということは日常茶飯事です。そこで、インターネットの出番です。

　例えば、遠くに住んでいる田舎のおじいちゃんやおばあちゃんに会いたいと思うと、これまでは、車や電車、飛行機などの乗り物を使って遠くの家まで行かなければ、決して顔を見ることはできませんでした。しかし、インターネットの技術を利用すれば、わざわざ遠い距離を移動しなくても、顔を見てお話しすることができます。カメラでお互いの顔を映し、声を聞くことができるテレビ電話があります。

　さらに、1対1でお話しするだけではなく、もっと多くの人と同時にお話しすることができるテレビ会議システムというものもあります。しゃべっている人を自動的にカメラで映したりすることもできます。

　また、何かわからないことがあったら、昔は学校や街の図書館に行ってた

くさんの本の中から、調べたいことが載っていそうな本を探して、読んで見つけないといけませんでした。でも今では、パソコンやスマートフォンを使って、世界中のたくさんの情報の中から、いとも簡単に必要な情報を検索することができます。これもインターネットがもたらした大きな変化です。非常に便利になり、移動や調べものに使う時間を減らすことができました。

　2つめは、「距離の克服」です。先ほど例に挙げた、遠くに住んでいる田舎のおじいちゃんやおばあちゃんとインターネットの技術を使ってお話しができるということは、時間だけでなく距離の問題も解決しています。同じように、旅行などもインターネットの技術でできるようになっています。

　旅行で、特に海外に行こうとすると、手続きも実際の移動も大変です。しかし例えば、「アメリカの自由の女神が見たい」と思ったとき、アメリカの自由の女神の近くにカメラがあれば、その映像を見ることができますし、同時にその場所の音も聞くことができます。現地にロボットがいれば、それを自分の代わりに動かして観光することもできるでしょう。こうなれば、あた

インターネットやデジタル技術の歴史

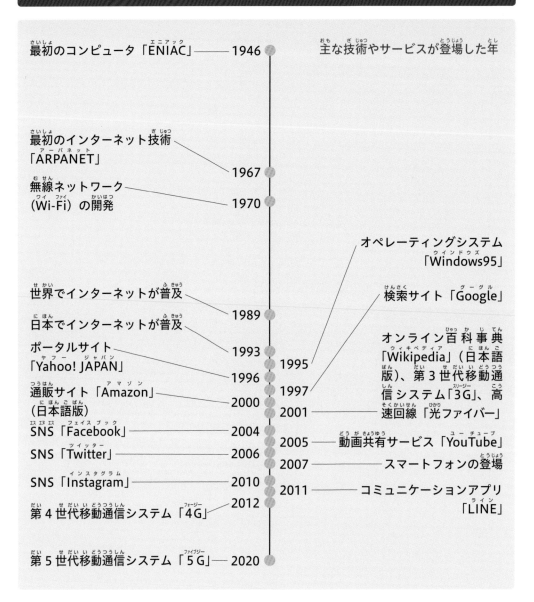

主な技術やサービスが登場した年

- 最初のコンピュータ「ENIAC」—— 1946
- 最初のインターネット技術「ARPANET」—— 1967
- 無線ネットワーク(Wi-Fi)の開発 —— 1970
- オペレーティングシステム「Windows95」
- 検索サイト「Google」
- 世界でインターネットが普及 —— 1989
- 日本でインターネットが普及
- ポータルサイト「Yahoo! JAPAN」—— 1993
- オンライン百科事典「Wikipedia」(日本語版)、第3世代移動通信システム「3G」、高速回線「光ファイバー」—— 1995
- 1996
- 通販サイト「Amazon」(日本語版) —— 2000
- 1997
- 2001
- SNS「Facebook」—— 2004
- 2005 —— 動画共有サービス「YouTube」
- SNS「Twitter」—— 2006
- 2007 —— スマートフォンの登場
- SNS「Instagram」—— 2010
- 2011 —— コミュニケーションアプリ「LINE」
- 2012
- 第4世代移動通信システム「4G」
- 第5世代移動通信システム「5G」—— 2020

かも自分がその場所にいるかのような体験をすることができます。体が不自由で、その場所に行きたくても行けない、移動が難しい人にとっては、とてもありがたく、素晴らしいことだと思います。

さらに別の利用方法として、遠く離れたところにいる患者さんの手術をお医者さんがその場所まで行かずに行うことができます。患者さんのそばにはロボットがいて、そのロボットをインターネットの技術を利用して動かすこ

とで、手術することが実際にできるようになっています。

　３つめは、「お金の節約」です。世界旅行のように、遠く離れたところに実際に行こうとすると、飛行機代やホテル代など、たくさんのお金が必要になります。旅行などで実際に体験できることは貴重ですが、お金もまた大事です。できれば、節約したい。そこで、先ほどのようにインターネットの技術をうまく利用すれば、その場所に実際に行かずに疑似的に体験することができるので、使うお金をかなり減らすことができます。

　このように、インターネットの技術を利用することで、これまではできなかったことが、どんどんできるようになってきています。でも、インターネットの技術ですべてのことができるのかというと、残念ながらそういうわけにはいきません。できることとできないこと、やりやすいこととやりにくいことがあります。場合によっては、インターネットの技術でできることだったとしても、あえて使わない方がよい場合もあるかもしれません。インターネットの技術やデジタル技術についてよく知り、理解し、最適な使い方ができるようになりましょう。

調べて、考えて、まとめてみよう！

◆ インターネットを利用することで、時間が節約できること、距離の問題を解決できること、お金を節約できる実際の例をそれぞれ探して、まとめてみよう。

◆ 今は世の中にないけれど、インターネットの技術を利用して新しくできること、できたらうれしいことを考えてみよう。

③ うその情報と本当の情報

　インターネットやSNSには、日々多くの情報が流れています。それらの情報をうまく使うことで、便利に、効率よく生活することができます。しかし、すべての情報が正しい情報というわけではありません。中には、間違っている情報やうその情報がまぎれています。意図的にうその情報を流している場合もありますし、偶然や無意識のうちに、間違った情報を流してしまっている場合もあります。最近、『フェイクニュース』などと呼ばれ、社会問題になったりしていますので、みなさんもこうした状況を知っているのではないでしょうか。インターネットやSNSを上手に使うためには、何が正しく、何が間違っている情報なのかを正しく判断する必要があります。

　では、どうやって正しい情報と間違ったうその情報とを見分ければよいのでしょうか？　実は、これはかなり難しい問題です。「こうすれば必ず正しい情報を見つけ出すことができます」と言える方法は、残念ながらありません。しかし、いくつかのポイントを注意深く観察することで、高い確率で正しい情報を手に入れることができます。

　まずは、「誰がその情報を発信したか」ということです。見ず知らずの人が発信した内容を信じることはやはり危険です。しっかりした人が発信した内容の方が正しい可能性が高いはずです。ここで注意しなければならないの

▲あとから間違った情報だったことがわかった実際の画像。日本で地震が起きたときに動物園からライオンが逃げ出した写真として広まったが、本当は海外で映画の撮影時に撮られたものだった（写真：Caters News/アフロ）

は、誰を「しっかりした人」だと思うのかということです。特に、自分の好きな芸能人や有名な人のことを「しっかりした人」だと思いがちですが、決してそうとは限らないので注意が必要です。

　そこで利用できるのが、インターネット上の情報の場所を示す、いわゆる「住所」にあたる『URL』です。インターネットを使うときに『ブラウザ』というソフトウェアを利用しますが、その上部に「https://」というふうにアルファベットがいっぱい書かれているところがありますよね。特に「https://」のあとに「○○ .go.jp」や「○○ .ac.jp」と書かれているものは、日本の政府機関や日本の大学といった信頼のある組織が発信している内容ですので、基本的に信用してよいと思います。

　また、「いつその情報が発信されたか」も重要です。例えば、「火山が噴火した！」という情報があったとして、今、噴火したのであれば大変かもしれませんが、数年前のことであれば、さほど問題ではないでしょう。インターネット上に発信された情報は、基本的には永久的に残っていくことになりま

すので、今必要な情報なのか、今活用できる情報なのかをしっかり確認する必要があります。

　また、日ごろからいろんな情報にふれて、「正しい情報や正しい知識をたくさん知っておく」ことも大切です。正しいことを知っていれば、うその情報をそのまま信じてしまうことはないでしょう。知らないから、間違った情報に惑わされてしまうのです。これは、自分の努力で解決できることです。常にいろんなことに興味を持ち、好奇心を持って勉強し、たくさん知識を身につける習慣をつけてみましょう。

　最後に、「多くの人が言っているから正しいと勘違いしない」ことです。自分だけが違った意見を持っていたり、違った考え方だったりしたとき、とても不安になり、自分が間違っていると思ってしまうかもしれません。特に、賢い人や偉い人と意見や考え方が違うと、そう感じてしまうのも無理はあり

ません。ときには、本当に自分が間違っていることもあるでしょう。でも、正しい知識をたくさん身につけていれば、他人の意見に振り回されることが少なくなり、しっかりと自分の意見を言うことができます。

探究学習
調べて、考えて、まとめてみよう！

◆ ある物事について、インターネットで調べて、まとめてみよう。

◆ 友だちがまとめた内容と比べて、自分がまとめたことと同じところ、違っているところを見つけてみよう。

◆ なぜ同じなのか、なぜ違っているのか、どの情報が正しく、どの情報が間違っているのかを話し合ってみよう。

検索にひそむ危険性

インターネットを使って何かを調べようとしたとき、『検索エンジン』を利用することが多いと思います。「Google」や「Yahoo!」、「goo」、「Bing」など、さまざまなものがあります。どれも自分の調べたいことを検索窓に入力することで、Web 上にある膨大な情報の中から、その入力した言葉を含んだ情報をランキングで表示してくれます。多くの場合、1 ページ目に出てきた 10 件ぐらいの検索結果から、自分の知りたかった情報を探すことができるでしょう。非常に便利ですよね。みなさんも毎日のように利用しているのではないでしょうか。私も毎日使っています。

このように、みんなが同じように検索をして、同じように上位 10 件ぐらいの情報からほしい情報や答えを見つけるという行動をとっていると、最終的にはみんな同じ意見になっていってしまいます。学校の授業で感想文やレポートを書くときに、ついつい検索することがあると思います。そのとき、みんな同じように行動するので、みんな同じ意見、同じ考えの感想文やレポートになってしまっていることがよくあるのです。

検索結果が本当はもっとたくさんあるのに、本当にそれでよいのでしょうか？　今、みなさんが選んだ情報が本当の答えなのでしょうか？　上位 10 件のそのあとにある検索結果の中に、非常に重要な答えや情報があるかもし

れませんよね。「そんなことはあり得ない、絶対に上位 10 件の中に答えがある」とみなさんは言い切ることができますか？

　検索結果の上位に出ているから信頼できる情報、正しい答えだと鵜呑みにするのは非常に危険です。検索エンジンが、なぜその情報を上位の結果として出力したのか、どのような処理の結果としてその情報が上位の結果になったのかは、基本的には秘密になっています。もしかしたら、その検索エンジンを作った人や作っている企業が、みなさんをだまそうとして間違ったうその情報を上位の結果として出しているかもしれません。そのようなことはないと信じたいですが、秘密にされているのでわかりませんよね。

　上位の検索結果しか見られていないことから、それ以外の情報は世の中になかったこととして取り扱われる傾向が強くなっています。こうした上位の検索結果以外の情報を『ロングテール』と呼ぶことがあります。

『ロングテール』の本来の意味は、特定の人に好まれる商品のことを指しています。商品を売ろうとするとき、多くの人がほしいと思っているものを売る方が効率良く儲けることができます。しかし、多くの人がほしいと思っているものではなく、特定の人や数少ない人が好んでいるものも売れることもまた事実です。1つや2つしか売れないものを用意するのは大変ですが、コツコツとたくさん種類をそろえることで儲けることができます。この関係をグラフで表すと、動物の長いしっぽ（「ロング」「テール」）のようになります。

　こうした『ロングテール』の情報、つまり、多くの人が言っていることではない情報もしっかりと見ておかないと、本当の正しい情報を得ることは難しいでしょう。また、そうしておかないと、いろんな視点、いろんな人の意

▲商品の種類と販売数の関係を表したグラフ。左側に位置する商品ほど人気があって売れているが、右側に位置するあまり人気のない商品も全体の売り上げに貢献していて重要なことを示している

検索にひそむ危険性

見や考え方を知ることができず、大勢の人が言っていることに流されてしまう危険性があります。検索結果をチェックするのは大変ですが、最低でも上位 100 件ぐらいの検索結果を見て、いろんな見方や意見を知ってから物事を判断してほしいと思います。

　また、インターネットでの検索結果、つまり、人の意見や考え方だけを参考にして行動するのではなく、しっかりと自分の目で実物を見たり、確認したりすることも重要です。他の人がどう感じたかを知ることも大事ですが、それ以上に、自分はどう感じるのか、どう考えるのかということはもっと大事です。他の人がおいしいと思った食べ物でも、自分が食べたらおいしくないかもしれないですよね。その逆のこともまたあるのです。

探究学習

調べて、考えて、まとめてみよう！

◆ ある物事についてインターネットで調べて、検索結果の上位 10 件の情報だけからまとめてみよう。

◆ 同じ物事についてインターネットで調べて、検索結果の 91 位から 100 位にある情報だけからまとめてみよう。

◆ 上の 2 つのまとめた結果を比較して、どう違うか確認してみよう。

個人情報と
プライバシー

　インターネットや SNS などのデジタル技術と切っても切れない関係にあるものの一つに『個人情報』があります。『個人情報』とは「この人は○○さんだ」というように、ある人を特定することができる情報のことです。例えば、氏名や生年月日、住所などがそれにあたります。住所だけなら家族しかわからず、自分だと特定することはできないと思うかもしれませんが、例えば、「その住所にいる女の子」とか「10歳の男の子」などのその他の情報と組み合わせることで、ある人を特定することができる場合があります。そのため、これらの情報は『個人情報』ということになります。

　また、よく似た言葉に『プライバシー』というものがあります。こちらは、自分の私生活や秘密のこと、また、その私生活や秘密を自分の意志で守ったり、公開したりできる、つまり、自分でコントロールできる権利のことを言います。

　『個人情報』と『プライバシー』は非常に重要なものです。一般的には、この2つのことはよく似ていると思われていて、あまり区別せずに使われることがあります。でも、先に説明したように、この2つはまったく違うことを言っていますので、みなさんは区別して理解してくださいね。

　「僕には他の人に知られてはいけないことなんてない」、「私の情報なんて

個人情報 と考えられるもの	プライバシー と考えられるもの
氏名 住所 性別 生年月日 電話番号 メールアドレス 職業 収入 身長・体重 血液型 など	手紙の内容 図書館の利用履歴 IC カードの利用データ ネットショッピングの購入履歴 検索サービスの検索履歴 趣味 交友関係 など

重要な情報じゃない」なんて言う人がみなさんだけではなく、大人の中にもたくさんいます。しかし、本当にそうでしょうか？

　例えば、スマートフォンの住所録や電話帳には、家族や友だちなどたくさんの人の電話番号が登録されているでしょう。自分の家族や友だちが誰なのかという情報はその人にとっては当たり前の情報ですので、そんなに大したものではないような気がするかもしれません。しかし、その家族や友だちにとっては、立派な『個人情報』なのです。みなさんの不注意で、勝手に他の人に情報を漏らされては困ります。

　また、自分では大した情報ではないと思っていても、悪い人から見れば非常に重要な情報かもしれません。例えば、誰が友だちかがわかれば、「○○ちゃんが事故にあって大変なので△△まで来てあげて」なんて電話がかかってくるかもしれません。心の優しいみなさんはついつい心配になって、その場所に行ってみるかもしれません。するとそこには、悪い人が待っていたなんてことがあるかもしれないのです。悪い人は、どんな情報でも悪く使ってみな

さんをだまそうとしますので十分に注意しましょう。

　SNS の使い方でも注意が必要です。例えば、「今、家族でハワイに来ていまーす！」なんてことを SNS に投稿すると、その家には今誰もいないことが他の人にわかって、泥棒に入られてしまうかもしれません。また、1つの投稿だけではわからないことも、その人の投稿した情報をずっと見ていて、それらの情報をつなぎ合わせていくと、『個人情報』や『プライバシー』がわかってしまうこともあります。

　SNS のように、自分から情報を投稿する場合もありますが、知らない間に情報が取られていることもあります。例えば、スマートフォンの『GPS：Global Positioning System（全地球測位システム）』では、衛星を利用し、そのスマートフォンが今どこにあるのかがわかります。また、GPS の機能を停止していたとしても、どのアンテナから発信された電波を受信しているかで、そのスマートフォンがどこにあるのかおおよその位置がわかってしまいます。つまり、そのスマートフォンを使っている人がいつ、どこにいたのか、また、そのスマートフォンで何をしたのかがわかってしまうのです。

　さらに、スマートフォンのカメラで写真を撮ると、日時と場所が記録されます。その写真のデータを他人に渡したり、そのまま SNS などに投稿したりすると、写真に実際に写っている情報以外のいろいろな情報も一緒に流してしまうことになってしまいます。

　『個人情報』や『プライバシー』は、自分だけのことだけではないということをしっかり理解し、自分の周りにいる人のことも考えて行動できるようになりましょう。また、ときには悪い人の気持ちになって、「悪い人だったらどうするだろう？」と悪い人の考え方を想像してみて、悪いことに利用されないように注意ができるようになってください。でも、みなさんは決して悪い人にはならないように！

個人情報とプライバシー

探究学習
たんきゅうがくしゅう

調べて、考えて、まとめてみよう！

◆ 自分の個人情報にはどのようなものがあるか考えて、まとめてみ
よう。

◆ 自分のプライバシーを守るためにはどうすればよいか考えて、まと
めてみよう。

◆ 悪い人はどのように考えるのか想像して、それにだまされないよう
にする方法を考えてみよう。

6

いじめと
匿名性

　他の人を無視したり、仲間外れにしたり、また暴力を振るうなど、いじめの問題が大きな社会問題になっています。こうしたことは、みなさんのような子ども同士の問題だけではなく、大人同士の世界でもかなり問題になっていて、連日ニュースにもなっています。

　いじめの問題は、みなさんのように若いころから考え、正しい知識を得て、正しく行動できるようになる必要があると思います。いじめがエスカレートしてしまうと、人種差別や殺人、戦争にまで広がっていってしまう恐ろしい問題なのです。

　インターネットの世界では、基本的に自分の名前や本当の自分を隠すことができます。これを『匿名性』と言います。そのため、本来の自分ではなく、あたかも別人や透明人間になったかのように錯覚し、いじめをすることに抵抗を感じにくくなり、いじめがどんどんエスカレートすると言われています。普段の生活では絶対にいじめなどをしない人でも、インターネットの世界では平気でいじめをしてしまうことがあります。

　人間はとても弱い生き物です。少しでも自分を大きくて立派な、すごい人のように見せたくなります。自分自身がちゃんと成長して、そうなればよいのですが、それには時間がかかりますし、大変な努力が必要になります。そ

こで、他の人を自分より弱くて劣った存在にすることで、自分を優位に見せたがる傾向があるようです。非常に残念なことです。しかし、我々人間は、そうならないように立派な知性や考える力、伝える言葉を持っていることもまた事実です。

　では、どうすればいじめという問題をなくすことができるのか？　一つの答えとして私は『想像力』があると考えています。他の人の立場や考え方、思っていることや感じていることを思いやる想像力。もし自分が同じようなことをされたらどう感じるのかという想像力。今これをしたときにその人やその周りの人、周囲の状況がどうなるのかという想像力。こうした想像力をフル活用して、いじめになるような行動をとらないようにしましょう。

　また、『道徳心』や『倫理観』が今後ますます重要になってくると思われます。『道徳心』とは、よいことと悪いことをしっかり判断でき、よいことをしようとする心構えのことです。また、『倫理観』とは、社会で生きていくために守るべきことに違反しないように考えて、行動することです。

でも、このよいことや悪いこと、守るべきことというのは、意外にも難しいものだったりします。争いごとになったとき、敵と味方に分かれますが、敵には敵の正しいことや守るべきことがあり、味方には味方の正しいことや守るべきことがあります。どちらも「自分たちが正しい」と思っているのです。正しいと感じることは、国や地域、文化、宗教、性別、年齢など、いろいろな状況と深い関わりがあります。そのため、他の人の考え方や感じ方を理解できないということが起きて、争ってしまうのです。自分だけが正しくすぐれているわけではない、他の人の意見や考え方の違いを尊重するという考え方にみんながなっていけば、いじめや争いごとはなくなると思います。

インターネットの世界では『匿名性』のかげに隠れて、自分が傷つくことなく、いとも簡単にいじめができてしまいます。実際に会うこともなく、画面を通して相手に悪口を言ったり、非難したりすることができます。そのため、実際の社会の中で行動するよりも、もっと慎重になってインターネットやSNSなどを使うようにしなければならないのです。

いじめと匿名性

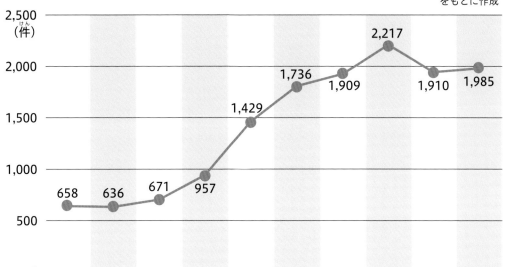

インターネット上の人権侵害情報に関する人権侵犯事件（手続開始）

＊法務省の発表資料「平成31年及び令和元年における「人権侵犯事件」の状況について」をもとに作成

（件）

2,500
2,000
1,500
1,000
500
0

658　636　671　957　1,429　1,736　1,909　2,217　1,910　1,985

2010　2011　2012　2013　2014　2015　2016　2017　2018　2019（年）

▲ 2019年の発生件数のうち、全体の約8割を名誉毀損に関するもの（特定の個人について根拠のないうわさや悪口を書き込み、社会的評価を低下させる）とプライバシー侵害に関するもの（個人の私生活に関する情報を本人に無断で書き込む）が占めている

探究学習

調べて、考えて、まとめてみよう！

◆ 自分がよいと思うこと、悪いと思うことを考えて、まとめてみよう。

◆ 他の人がまとめたよいと思うこと、悪いと思うことと比べてみて、何がどう違うのかを確認してみよう。

◆ 他の人と考えが違うことが見つかったとき、お互いの意見を聞き合って、自分が間違っていたと思えるところは直し、そうでないところは相手の考えを理解できるか考えてみよう。

7

知っておきたい
著作権

　インターネット上には、いろんな形の情報（データ）がたくさんあります。文章になった文字データや撮影された動画データ、写真やイラストなどの画像データ、音や声、音楽などが収録された音声（楽曲）データなどです。無料で見たり聴いたりできるものも多く、みなさんも便利に利用しているのではないかと思います。

　一般的に、インターネット上に公開されている情報は、個人的に見たり、聴いたりすること自体には特に制限はありません。自由に利用してよいものです。しかし、会員でないと見たり聴いたりできないものや、作った人の許可がないと勝手に使ってはダメなものなどもあります。「自由」と「勝手」は違います。「自由」と聞くと、なんでも好きにできると勘違いしてしまいがちですが、「自由」の中には、やはりある一定のルールがあるのを忘れないでください。

　「モノを作る」「創作する」ということは、みなさんも日ごろからしていることだと思います。例えば、授業を受けていてノートを作ったり、図画工作や美術の時間に作品を作ったり、夏休みの自由研究で好きなモノを作ったりと、いろんなモノを作った経験があるはずです。同じ授業で、同じテーマで、同じ道具を使って作ったとしても、作る人によって出来上がるモノはそれぞ

れ違います。うまくできたり、できなかったりするかもしれませんが、やっぱり自分が作ったモノが一番でしょう。自分の思いや努力、個性が詰まったモノなのですから。モノを作るときは、いろんなことを考えながら、試行錯誤して、多くの時間をかけて作ることになります。これってけっこう大変ですよね。

　同じくインターネット上にも、多くの時間をかけて大変な思いをして作ったモノが公開されています。ついつい、「これ面白い！」とか「これいいな」なんて思って、簡単にコピーをして自分のモノにしてしまったことはないでしょうか？　実は、場合によっては、こうした行為は立派な犯罪だったりします。最悪の場合には、警察に逮捕されてしまうこともあります。

　どんなモノでも作るときには、多くの努力と時間が必要ですから、それに対する権利を与えることになっています。これを『著作権』と呼びます。『著作権』は「これは私が作りました！」と誰かに言わないともらえないも

のではなく、作った時点で自動的に作った人がもらえる権利です。

　大変な思いをして作ったモノですから、作った人は自分が作ったモノを自由に使うことができます。もし、他の人がそれを使いたいと思ったときは、作った人に「使っていいよ」と許可をしてもらわなければなりません。もしくは、「使ってもいいけどその代わりにお金をちょうだい」と言われることもあります。

　作った人が「使わないで」と言えば、コピーなどをしてはいけなくなります。それを無視して、または何も言わずに勝手に使うとそれは泥棒です。もし、自分が多くの時間をかけて、ものすごく努力して作ったモノを、他の人がいとも簡単にコピーして勝手に使っていたらイヤですよね。

　デジタルの情報をそのままコピー（複製）するのではなく、写真に撮るのだったら大丈夫と思うのも間違いです。これも泥棒です。ときおり本屋さんで、雑誌などのページをスマートフォンで撮影している人を見かけることが

知っておきたい著作権

ありますが、これも犯罪です。みなさんは決してマネしないで、当たり前のことですがお金を払って買うようにしましょう。

　宿題で感想文やレポートを書くとき、インターネットで検索して調べながら書くことがあると思います。しかし、書かれている内容をそのままコピーして、あたかも自分か考えて書いたかのように張り付ける、いわゆる「コピペ」も立派な犯罪です。絶対にやめましょう。他の人が書いたことを自分の文章の中で使って人に見せたい場合には（「引用」と呼びます）、どの部分をどこからコピーしたのかを明確に示すルールになっています。こうすることで、この部分は他の人が考えたこと、ここからは自分で考えて書いたこと、と区別することができます。そうすれば、他の人のものを勝手に盗んで使ったということにはなりません。他の人が作ったモノを使用するときは、十分に注意して使うようにしましょう。

探究学習
たんきゅうがくしゅう

調べて、考えて、まとめてみよう！

◆ 著作権が与えられるモノ（著作物）にはどのようなものがあるか調べてみよう。

◆ 著作権を無視して、自分が「泥棒」にならないようにするためにはどうすればよいか考えてみよう。

8

目に見えない
コンピュータウィルス

　インターネットは今やなくてはならない、便利なものなのですが、それを悪いことに使う人がいます。みんなが使っているものに悪さをして、みんなを困らせて、その困っている様子を見て喜ぶ人たちがいるのです。

　悪さの一つに『コンピュータウィルス』というものがあります。みなさんも普段の生活で風邪をひくことがあると思いますが、これはコンピュータがひく風邪のようなものです。人がひく風邪は、自然にできた『ウィルス』が原因となりますが、コンピュータがひく風邪は、人間が悪さをするために作った『コンピュータウィルス』と呼ばれるプログラムが原因です。人間がわざわざ作り出さなければ、コンピュータの風邪は世の中に存在しなかったことになります。

　人間が風邪をひくと、熱や咳が出て、しんどくなります。コンピュータが『ウィルス』にかかって風邪をひくと、コンピュータの性能が悪くなったり、指示したのと違う動きをしたりします。これは非常に困ります。

　人間が病気になる原因には、『ウィルス』の他に『細菌』というものがあります。『細菌』は自分で動いて生きていくことができますが、『ウィルス』は自分だけでは生きていけず、必ず何かにくっついて生きていきます。これは『コンピュータウィルス』も同じで、例えば、写真や文章のデータにくっ

ついてやってきます。一見、普通のデータのように見えるのですが、隠れて
くっついてくるので厄介です。

　では、コンピュータが風邪をひかないようにするためには、どうすればよ
いのか？　一番は「予防」することです。みなさんも風邪をひかないように
手洗いやうがいをしっかりして、好き嫌いをしないでなんでもよく食べて、
十分に寝たりしますよね。コンピュータも同じように、「このデータにコン
ピュータウィルスはついていないかな？」と注意をしながら操作することで
予防できます。

　また、コンピュータウィルスを見つけたり、なくしてくれたりする便利な
仕組みやソフトがありますので、ぜひ利用するようにしてください。人間で
言えば、「お医者さん」や「お薬」のようなものにあたります。

　他の悪さの例としては、『ハッキング』や『クラッキング』というものが
あります。普通の人は、コンピュータを便利な道具として使うだけなのです
が、世の中にはすぐれた能力を持つ人がいて、ただ単に使うだけでなく、改
造したり、新しい仕組みを作ったりして、コンピュータをより便利なものに
進化させることができます。そうした能力をよい方向に使えばよいのですが、
中には悪いことに使う人がいます。人のコンピュータを壊したり、大事なデー

◀ウィルスからコンピュータを守るにはウィルス対策ソフトを使用
する。コンピュータに侵入しようとするウィルスを監視したり、コ
ンピュータにまぎれ込んだウィルスを駆除することができる（写
真：ソースネクスト株式会社提供）

タを書き換えたり、消したりしてしまうのです。こんなことをされたら誰でも困りますよね。悪い人たちはその様子を見て喜んだり、「こんな悪いことができるんだ」と自慢したりするのです。ちなみに、『ハッキング』も『クラッキング』も昔は悪いことを指す言葉でしたが、最近では『ハッキング』をよい意味で使って、すごく技術が高いことを表す場合がありますので注意してください。

　インターネットなどのデジタル技術は、実際にどう動いているのかが目に見えません。例えば、スマートフォンはいろんな情報をディスプレイに表示してくれますが、それらのデータがどこからどんな形でやってきているのかは、実際に目で見て確認することができません。悪い人にとっては隠れて悪さができるので非常に好都合なのです。逆に私たちにとっては、目で見えないところでいろんなことが起きるので、とても不安で、恐ろしく感じてしまいます。

目に見えないコンピュータウィルス

　病気と同じで、悪いことを世の中から完全になくすことは残念ながら難しいでしょう。私たちにできるのは、ただやみくもに怖がるだけでなく、正しい知識を持ってしっかり予防をしながらコンピュータをこれからも使い続けていくことです。

調べて、考えて、まとめてみよう！

探究学習

◆ コンピュータウィルスからコンピュータを守るためには、どのようなことに気をつければよいか考えて、まとめてみよう。

◆ 悪い人はどんな悪いことをどういうふうにするのか、想像して考えてみよう。そして、どうやったら防げるか考えてみよう。

ネットでは
できないこと

　インターネットや SNS などのデジタル技術を使うことで、簡単に、素早く、たくさんの物事を知ることができます。しかし、このようなメリットばかりではなく、そこには必ずデメリットがあります。ついつい、私たちはキラキラと輝いているところだけを見てしまいがちですが、しっかりとマイナスな面も考えるようにしましょう。

　インターネットなどのデジタル技術によって、すべての物事を扱って、なんでもできるようになったわけでは決してありません。今のインターネットでは、文字、画像、動画、音声で伝えられること、伝わることしか扱うことができません。つまり、人間の『五感』の中で、視覚と聴覚しか使えていないことになります。舌で味わう味覚、鼻で匂いをかぐ嗅覚、肌や指などで感じる触覚を使って伝えることは、一般的なインターネットの仕組みでは難しいのが現状です。

　他にも、湿度や温度、風の強さなどは数値の情報として伝えることができますが、実際にその環境に立つとどんな感じを受けるのかということは伝えにくい情報です。また、その場所の空気感や雰囲気などもうまく伝えられないことの一つです。

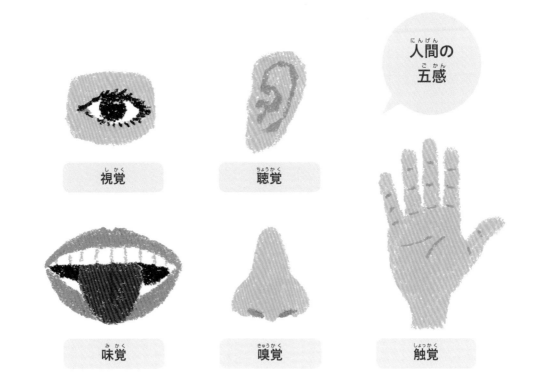

人間の五感

視覚　聴覚　味覚　嗅覚　触覚

　例えば、みなさんもテレビ電話を使ったことがあるかもしれませんが、このようなシステムでおしゃべりをすると、ちょっと不思議な感じがします。単なる電話でおしゃべりをした方が、違和感はないかもしれません。なぜなら、電話であれば、そもそも人の顔が見えないことがわかっていておしゃべりをします。一方、テレビ電話の場合は、カメラを使って相手の顔が見えますので、普段、直接会っておしゃべりをしている感覚と近い感じがします。でも実際は会っていないので、本来感じることができるはずの空気感や雰囲気などを知ることができず、違和感が増してしまうと考えられます。

　このように、インターネットなどの最先端のデジタル技術を使ったとしても、できないことは必ずあります。そして、これらの技術を使って得られた知識はあくまで疑似的なもの、実際にみなさんが直接体験したものではないということはしっかり意識しておいてください。なんでもかんでもインターネットなどのツールだけで済ませてしまっていると、「本当のこと」がわからなくなってしまいます。

他にも例を挙げてみましょう。例えば、ものの大きさですが、これは実際にその場所で実物を見なければ決して理解できないものの一つです。よく「がっかりな観光名所」として「シンガポールのマーライオン」が挙げられることがあります。これは写真などでは、どうしてもその大きさが正しく伝えられないことが原因だと思います。ついつい、「有名な観光名所だから大きいだろう」というイメージを勝手に持ってしまいがちです。そして、いざ、実際にその場所を訪れると「思っていたよりも小さいものだった」ので、「がっかり」という感情が生じてしまうのでしょう。私は、実際にその観光名所に行ったことがありますが、実はそんなに違和感を持ちませんでした。それは、私がイメージしていたよりも大きく立派だと感じたからです。

　他の人がいくら「がっかりスポットだ」と言ったとしても、私はその観光名所を見て感動しました。このように、他の人が感じたこと、言ったことと違った印象を持つことは日常茶飯事です。みなさんは他の人の意見にもしっ

かりと耳を傾けて、参考にしながら、ぜひ自分の足でその場所まで行き、自分の目で見て確かめるようにしてください。そして、「他の人が言ったから…」ではなく、自分の基準、自分のモノサシ、自分の尺度で、いろんな物事を判断できるようになってください。物事への感じ方はみんな違っていますし、違っていてよいのです。

探究学習

調べて、考えて、まとめてみよう！

◆「がっかりな観光名所」のように、他の人がマイナスに思っていること、よくないと言っていることを調べて、その物事について実際に自分で体験したり、自分の目で見て確かめたりしてみよう。
そして、自分はどう感じるのか、なぜ他の人と同じように感じるのか、または、なぜ他の人と違うように感じるのか考えて、まとめてみよう。

◆自分が体験したことや感じたことを他の人に伝えるとき、どうすればうまく伝えることができるのか、どうすれば誤解がないように伝えられるのか考えてみよう。

想像力を身につけよう

　インターネットやSNSなどデジタル技術の多くは、できること自体はわかりますが、実際にどうやって動いているのかは目に見えません。普通は、使って便利だったらそれでいいので、仕組みや中身のことまで知らなくても十分でしょう。

　でも、本当の意味でその技術を使いこなすためには、やはりその中身や内部の処理まで知っておかないと、使い方を工夫したり、たくさんの商品やサービスの中から自分に相応しいものを適切に選んだりすることが難しくなると思います。

　インターネットなどのデジタル技術は、今後もどんどん進歩していき、もっともっと高度なモノになっていくでしょう。そして、使われる範囲や対象もどんどん広がっていくでしょう。そんなとき、すべての技術について、中身までしっかり知ること自体が難しくなっていくと思われます。

　では、どうやって最新の技術に対応していけばよいのでしょうか？　その一つの方法として、『想像』することがあると思います。この『想像』するという話は、6章の「いじめ」や8章の「ウィルス」でも少し話をしました。「いじめ」の場合は、相手のことを想像すること、「ウィルス」の場合は、悪いことをする人の考えを想像することの重要さについてふれました。

　想像力は人間ならではのすぐれた能力の一つです。誰かの立場に立って、誰かの目線から物事を見つめてみる。ある物事を分解して、その仕組みを見てみる。どちらも実際にできればよいですが、そのような機会に恵まれることは少ないでしょう。だから、『想像』するのです。『空想』ではありません。『空想』は、自分の都合のよいように勝手に思い描くことです。現実とかけ離れていても問題はありません。一方、『想像』はそうではなく、自分の都合ではなく、物事の本質を見極めたり、誰かの気持ちになって、それらのことについて思い描くことです。

　このときポイントになるのは、「現実に起こり得る範囲の中で想像すること」です。では、どうすればよいのか？　そのためには、まず正しい知識をたくさん身につけておく必要があります。たくさんのことを覚えるのは大変だから、「その都度インターネットで調べればいいじゃないか」なんて思ってしまうかもしれません。でも、調べるには少し時間がかかります。また、いろんなことを『想像』するためには、いろんな知識、情報が必要になります。その都度、たくさんのことを調べていては時間がかかり過ぎてしまいま

す。やはり、自分の頭の中に入れておいた方が有利なのです。

　また、『想像』するときには『常識』も必要不可欠です。『常識』とは、誰もが知っていること、または正しいと思うことです。誰もが知っていることは、辞書や教科書などにきっちり書いてあります。しかし、正しいと思うことは、だいたいみんな同じだけれど、ちょっと違っていることがあるものです。例えば、国や地域、文化、宗教、性別、年齢などによって変わったりすることがあります。そうした違いをしっかり理解して、現実的な『想像』をする必要があります。

　ちゃんと『想像』できるようになるには、少し練習がいると思います。では、どのように練習をすればよいのか？　例えば、テレビを見ていると、総理大臣が国民に向けて発表をしているニュースが出てくることがあります。また、お笑い芸人が面白いことをしゃべっているバラエティー番組もあります。そのとき、ただ単にテレビを見るだけではなく、自分がもし総理大臣だったら、もしお笑い芸人だったらどんなことを言うだろうか、どんなことをするだろうか、と考えながら見てみてください。そして、今度はそれを見ている自分に戻って、その発言や行動に対してどう感じるのかを想像してみてください。立場が変われば、違ったことを考え、違ったことを感じると思います。このようなことを日ごろから実践していると、自然と想像力がついてきます。

　そして、あることに気づくと思います。それは、自分は何も知らないこと、自分には知識が足りないことです。知らなかったり、知識が足りなかったりすると、うまく『想像』することができません。そうならないために、勉強や情報収集をしましょう。学校の勉強も、友だちとの遊びも、テレビを見ることも、本を読むことも、家族と団らんすることも、近所の人とお話しすることもすべて大事な勉強や情報収集です。いろんなことに興味を持って日々生活してみてください。みなさんが見ている世の中の風景が違ってくるかもしれませんよ。

想像力を身につけよう

　さて、デジタル技術の話に戻って、『想像』について考えてみましょう。デジタル技術は優秀な人が一生懸命考えて、苦労して、努力して作り出したモノです。その中には、これまで誰も考えつかなかった、まったく新しい商品やサービスも確かにありますが、それは非常にまれなケースだと思います。よく見ると、多くのモノが、これまでにもあった商品やサービスを少し改良しているだけなのです。昔に流行った、ブームになったものを今の時代に合わせて変化させているのです。

　これは、ファッションやスイーツなどと同じです。今、タピオカがブームですが、実は今回で3回目です。1回目は約30年前の1992年、2回目は約10年前の2008年に起こっています。しかし、それぞれのブームでまったく同じ商品であったわけではありません。少しずつ改良され、その時代にマッチした形の商品として進化しています。

技術の進歩も同じです。みなさんはどこかで『IoT』という言葉を聞いたことがないでしょうか？　これは「Internet of Things」を短く言い換えたもので、「モノのインターネット」という意味になります。例えば、冷蔵庫がネットとつながることで家の外から中身を知ることができたり、エアコンがネットとつながることでスマートフォンで操作ができたりします。とても画期的なことのように思いますが、これと同じような考え方が『ユビキタスコンピューティング』という名称で約30年前にすでに提唱されていました。

　他の例としては、今や『LINE』はメッセージをやりとりするのに欠かせないものになっていますが、これは昔からあった『チャット』が進化したものと言えるでしょう。

　このように、昔に流行ったモノ、すごかったモノが今の時代に合うように形を変えて世の中に出てきます。まったく新しいモノを何もないところから考えるのはとても難しそうですが、これならできそうですよね？　昔のこと、そして未来を『想像』していくことで、次の時代の新しい商品やサービスを作り出すことができると思います。みなさんもぜひチャレンジしてみてください。

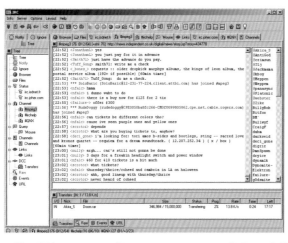 

▲左の画面はチャットの例。チャット（chat）は英語で「雑談」という意味があり、ネットワークを介して短い文章（文字）を送り合うことができた。現代のLINEは文字の他に動画や音声を送ることができるようになっている（写真右：Jakkapan maneetorn/Shutterstock.com）

想像力を身につけよう

探究学習

調べて、考えて、まとめてみよう！

◆「タピオカ」はなぜ3回もブームになったのか、4回目のブームは来るのか考えて、まとめてみよう。

◆昔、ブームになっていたことを見つけて、それを今の時代にブームにするためには、どの部分をどのように改良すればよいか考えて、まとめてみよう。

	用語	解説	掲載ページ
は	ハッキング	（最近では）すごい技術力があることを表す言葉	33, 34
	光ファイバー	光を使った高速な通信方法	10
	フェイクニュース	間違ったうその情報	12
	プライバシー	私生活や秘密、またそれらを守ることができる権利	20-23
	ブラウザ	インターネット上の情報を見るときに使うソフトウェア	13
ま・や・ら・わ	URL	インターネット上の情報の場所を指定する「住所」のようなもの	13
	YouTube	動画を配信し、多くの人が見ることができるサービス	6
	倫理観	社会で守るべきことに違反しないようにすること	25
	ロングテール	特定の人にだけ好まれるもの	17, 18
	Wi-Fi	無線によって通信する方法の一つ	10

土屋誠司（つちや・せいじ）

同志社大学理工学部インテリジェント情報工学科教授、人工知能工学研究センター・センター長。2000年、同志社大学工学部知識工学科卒業。2002年、同志社大学大学院工学研究科博士前期課程修了。三洋電機株式会社（のちにパナソニック傘下）研究開発本部に勤務後、2007年、同大学院博士後期課程修了。徳島大学大学院ソシオテクノサイエンス研究部助教、同志社大学理工学部インテリジェント情報工学科准教授を経て、2017年より現職。主な研究テーマは知識・概念処理、常識・感情判断、意味解釈。著書に『はじめての自然言語処理』（森北出版）、『やさしく知りたい先端科学シリーズ6はじめてのAI』（創元社）がある。

AI時代を生き抜くプログラミング的思考が身につくシリーズ③
デジタルリテラシーのきほん
2020年9月20日　第1版第1刷発行

著　者　　土屋誠司
発行者　　矢部敬一
発行所　　株式会社 創元社
　　　　　https://www.sogensha.co.jp/
　　　　　＜本社＞
　　　　　〒541-0047 大阪市中央区淡路町4-3-6
　　　　　Tel.06-6231-9010　Fax.06-6233-3111
　　　　　＜東京支店＞
　　　　　〒101-0051 東京都千代田区神田神保町1-2　田辺ビル
　　　　　Tel.03-6811-0662

デザイン　椎名麻美
イラスト　祖敷大輔

印刷所　　図書印刷 株式会社

本書の感想をお寄せください
投稿フォームはこちらから ▶▶▶▶